DÉLIMITATION
DE
L'ARMAGNAC
Décret du 25 Mai 1909
LOT-ET-GARONNE
GIRONDE
TARN ET GARONNE
GERS
LANDES
BASSES PYRÉNÉES
H^TES PYRÉNÉES
H^TE-GARONNE
AGEN
NERAC
CONDOM
LECTOURE
AUCH
MIRANDE
LOMBEZ
M^T-DE-MARSAN
S^T-SEVER
Houeillès
Durance
Lavardac
Barbaste
Xaintrailles
Feugarolles
Vianne
Sérignac
Ste Colombe
Montagnac
Moncaut
Calignac
Laplume
Francescas
Lamonjoie
Réaup
Mézin
Sos
Moncrabeau
Roquefort
Arouille
St Justin
la Bastide d'Armagnac
Frèche
Villeneuve
Gabarret
Castelnau d'Auzan
Montréal
Parleboscq
Cazaubon
Mauléon
Estang
Panjas
Gazaupouy
la Romieu
Castera
Marsolan
Terraube
Lagraulet
Gondrin
Mouchan
St Puy
Valence
Eauze
Paulhiac
Fleurance
Beaucaire
Montestruc
Courrensan
Lannepax
Castera V.
Hontaux
Castandet
Lussaguet
Grenade
le Vigneau
Cazères
Aire
Barcelonne
Nogaro
Manciet
Ste Christie
Averon Bergelle
Margouet Meymes
Aignan
Lupiac
Démui
Vic Fezensac
Roquelaure
Lavardens
Jégun
St Lary
Biran
Ordan Larroque
Montaut
Leboulin
St Mont
Riscle
Segos
Viella
Lasserade
Coulomé
Plaisance
Riguepeu
Barran
Pessan
Pavie
l'Isle de Noé
Montesquiou
Beaumarches
Bassoues
Ladevèze
Marciac
Monlezun
Tillac
St Dode
Mielan
Arros
Montégut
St Médard
St Michel
Seissans
Masseube
Monties Aus
Chélan
Garonne
Midouze
Douze
Adour R.
Gimone R.
Save R.
Gers
Baïse
Pte Baïse
LÉGENDE
Région délimitée Haut-Armagnac
– d^o – Bas-Armagnac
– d^o – Ténarèze
Préfecture
Sous-Préfecture
Chef-lieu de Canton
Commune
Limite de Département
– d'Arrondissement
– de Canton
L. Dormeau

1er Fascicule.

DÉLIMITATION

DES

RÉGIONS VITICOLES

ARMAGNAC

Par **J. VINCENS**, Directeur de la Station Œnologique de Toulouse.

CHAMPAGNE

Par **G. LOCHE**, Propriétaire-Viticulteur.

CLAIRETTE DE DIE

Par **LOUIS ROLLAND**, Professeur départemental d'agriculture.

BANYULS

Par **LUCIEN SEMICHON**, Directeur de la Station Œnologique de l'Aude.

AVEC 4 PLANCHES EN COULEURS

EXTRAIT DE LA *REVUE DE VITICULTURE*

PARIS

BUREAUX DE LA " REVUE DE VITICULTURE "

35, BOULEVARD SAINT-MICHEL, 35

1911

PLANCHES EN COULEURS
DONNÉES CHAQUE ANNEE
EN SUPPLEMENT AUX ABONNÉS
de la REVUE DE VITICULTURE

La Revue de Viticulture donne en prime, à ses Abonnés, de nombreuses et superbes planches en couleur (chromolithographies) qui forment des séries constituant certainement la plus belle collection de gravures coloriées qui ait jamais été publiée sur la Viticulture et l'Œnologie.

Ont paru, à ce jour, 150 *planches* :

1re Série. — **Cépages américains.**

Aramon×Rupestris Ganzin n° 1 ; Berlandieri n° 1 ; Berlandieri n° 2 ; Berlandieri×Riparia n° 157-11 ; Chasselas×Berlandieri n° 41 B ; Mourvèdre×Rupestris n° 1202 ; Riparia× Berlandieri n° 33 ; Riparia×Berlandieri n°420-A ; Riparia du Colorado ; Riparia×Rupestris n° 3309 ; Riparia×Rupestris n° 101-14 ; Rupestris du Lot ; V. Monticola (Monticola Salomon).

2e Série. — **Ampélographie française et étrangère.**

Alicante-Bouschet ; Bicane ; Chasselas ; Corinthe ; Muscat d'Alexandrie ; Sauvignon ; Sultanina.

3e Série. — **Maladies de la vigne.**

Acariose ; Anthracnose ; Broussin ; Brunissure ; Chlorose ; Cladosporium ; Court-noué ; Cuscute de la vigne ; Erinose ; Gélivure ; Gomme des Raisins ; Lathræa Clandestina ; Maladie rouge ; Mélanose ; Mildiou et Rot brun ; Mildiou et Rot Gris ; Oïdium ; Phthiriose de la vigne ; Pourriture grise ; Rot blanc ; Septosporium ; Stearophora ; Verrues.

4e Série. — **Insectes de la vigne.**

Acarien de la vigne ; Altise ; Cecidomie et Hanneton commun ; Cicadelles ; Cigarier ; Cochenis et Grisette de la vigne ; Cochylis et Eudemis ; Criquets ; Ecaille martre de la vigne ; Ephippiger Vitium ; Lésions phylloxériques ; Noctuelles et Ver gris otiorhynques ; Phylloxéra ; Pyrale ; Sphinx, Vesperus Xatarti.

5e Série. — **Vinification et maladies des vins.**

Casse bleue ; Intensité colorante des moûts ; Microbes divers des vins ; Vins rouges vinifiés en blanc.

6e Série. — **Agriculture.**

Haricots à acide cyanhydrique (variétés du Phascolus Lunatus).

7e Série. — **Gravures artistiques.**

Le Christ dans le pressoir.

8e Série. — **Cartes viticoles.**

L'Armagnac. — La Champagne. — Les Charentes. — La région de Banyuls. — La Région de la clairette de Die. — La Palestine.

N.-B. — A titre de PRIME GRATUITE, nos nouveaux Abonnés recevront, sur leur demande, quelques-unes des chromolithographies parues dans la REVUE d'une valeur individuelle de 0,75.

LA DÉLIMITATION DE L'ARMAGNAC

La loi du 5 août 1908 a modifié l'art. 11, § III, de la loi du 1er août 1905, de la manière suivante :

« Il sera statué par des règlements d'administration publique sur les mesures à prendre pour assurer l'exécution de la présente loi, notamment en ce qui concerne :

La définition et la dénomination des boissons, denrées et produits, conformément aux usages commerciaux; les traitements licites dont ils pourront être l'objet en vue de leur bonne fabrication ou de leur conservation; les caractères qui les rendent impropres à la consommation; *la délimitation des régions pouvant prétendre exclusivement aux appellations de provenance des produits.*

Cette délimitation sera faite en prenant pour base les *usages locaux constants...* »

Si on admet l'utilité de la délimitation, il faut bien convenir que la région de production des excellentes eaux-de-vie d'Armagnac se trouve au premier rang des régions devant être délimitées.

Dans son deuxième paragraphe, la loi du 5 août 1908 spécifie très explicitement que les délimitations seront basées sur les usages locaux constants. Cette obligation de s'appuyer sur les usages locaux constants entraîne la nécessité de faire l'étude historique de la production pour chaque région intéressée, en notant les usages locaux constatés par des documents dignes de foi. Ces recherches particulières pour l'Armagnac font l'objet de la présente étude (1).

Comme dénomination, l'Armagnac ne remonte pas à la plus haute antiquité. « Franchement, je vous confesserai ne savoir d'où il a pris son nom, veu que ny du temps des Romains, ni des premiers français, on ne trouve livre qui l'appelle ainsi » (2).

Ce n'est que vers le milieu du xe siècle qu'on voit apparaître un comté d'Armagnac détaché du Fezensac, dans la Gascogne centrale. C'est à Aignan, aujourd'hui chef-lieu de canton, que paraît avoir été construite la résidence primitive des comtes d'Armagnac qui, au xive siècle, transportèrent à Auch leur capitale officielle. L'étendue de l'Armagnac a varié avec la fortune de ses comtes. A certains moments elle a dépassé la limite de l'ancienne province de Gascogne. Henri IV l'annexa définitivement à la France. Pourtant, en 1716, on retrouve encore une région de l'Armagnac formant une des cinq élections ou divisions fiscales en lesquelles la Gascogne fut partagée.

Très vraisemblablement la vigne était cultivée en Gascogne, et par conséquent dans l'Armagnac, du temps de l'occupation romaine. Mais jusqu'au xvie siècle, comme on pouvait s'y attendre, il n'est nulle part fait mention des eaux-de-vie de l'Armagnac.

Ce n'est d'ailleurs qu'au xve siècle que l'eau-de-vie a été connue. Encore faut-il ajouter qu'à cette époque elle n'était qu'un remède merveilleux guérissant toutes les maladies. « Eau-de-vie vault à toutes manières de douleurs qui peuvent venir par froidure et par trop grande abondance de fluide, et ladite eau

(1) Je dois la partie la plus intéressante de la documentation utilisée dans cet historique à M. Gardère, archiviste à Condom, et surtout à M. Puech, professeur d'histoire à l'Ecole normale d'Auch. Je ne saurais trop remercier ces précieux collaborateurs de m'avoir fait bénéficier, pour les lecteurs de la *Revue*, de leur parfaite connaissance des archives de Condom et d'Auch.

(2) *Cosmographie universelle*. Paris, 1545.

vault aux yeux qui larmoyent et pleurent souvent. Elle vaut aussi à toutes personnes qui ont haleyne puante et corrompue. Elle vault contre hydropisie qui procède et vient de froide chose ; contre maladies qui sont incurables; contre plaies qui sont pourries et infectes; contre apotesme qui peut survenir à la main des dames; contre morsure des bêtes venimeuses, etc... » (1).

Avec des vertus aussi nombreuses, en dépit des obstacles religieux, économiques, fiscaux et sociaux, la préparation des eaux-de-vie ne devait pas tarder à se développer, surtout dans les régions où les vignes ne fournissaient qu'un vin médiocre.

« La distillation commença fort probablement dès les premières années du XVIIe siècle en Armagnac ; mais aucun texte n'en parle à Cazaubon avant 1680.

« Vers 1683, Pierre Laborde, notaire, demeurant à Pépéré, se livrait en grand au commerce des eaux-de-vie. Un maréchal-ferrant, Jean Lacoste, de Lagouanère, achetait pour lui, moyennant une commission de cinq sols par barrique.

« Vers 1700, la plupart des grands propriétaires avaient au moins deux chaudières, parfois établies en maçonnerie à poste fixe, parfois montées sur chariot. La profession de brûleur existait au XVIIIe siècle. Ils étaient payés 3 livres par pièce distillée avant 1700, et exigèrent 4 livres plus tard. Ils ne fournissaient pas le bois (2). »

En 1752, « Il se fait beaucoup d'eau-de-vie en Armagnac. Elles sont toutes transportées au Montdemarsan (Mont-de-Marsan) où les futailles sont jaugées et de là conduites, par la rivière de l'Adour, à Bayonne. Cette branche de commerce est assez considérable, c'est au surplus le seul débouché que l'on ait dans l'Armagnac pour tirer quelque profit des vins qu'on y recueille et qui sont d'une trop médiocre qualité pour que l'on pût s'en défaire autrement.

« Le débit de ces eaux-de-vie est, Monseigneur, à la veille de tomber, les commerçants étrangers se plaignent avec raison qu'on les trompe et que les futailles ne contiennent jamais la quantité de liqueur qui est annoncée par la jauge.....

« ..... La fraude augmente chaque jour et est même portée si loin que les marchands de Dunkerque, où passe la plus grande partie des eaux-de-vie de l'Armagnac, ne veulent plus en acheter, venant par Bayonne, qu'au-dessous du prix courant et on y attache le plus souvent la condition de vider les futailles pour mesurer la quantité qu'elles contiennent » (3).

A cette époque et longtemps après, le commerce des eaux-de-vie de l'Armagnac s'est concentré à Mont-de-Marsan. Elles y étaient portées dans des charrettes à bœufs et dirigées ensuite sur Bayonne par l'Adour, et sur Bordeaux par le canal depuis Langon. Le prix du transport par pièces de 32 veltes (256 litres) était en 1750 de 4 livres de Cazaubon à Mont-de-Marsan et de 10 livres de Mont-de-Marsan à Bayonne ou à Bordeaux (4).

Ainsi donc, pendant longtemps, l'Armagnac a fourni des quantités assez considérables à l'exportation des eaux-de-vie par le port de Bordeaux. Bien qu'il n'ait pas été fait de distinction dans l'origine des produits et que les eaux-de-vie d'Armagnac y soient confondues avec les eaux-de-vie des Charentes et celles de la Gironde, les chiffres ci-dessous donnent une idée de l'importance des exportations par Bordeaux.

(1) Manuscrit français, XVe siècle (n° 7478 de la Bibliothèque nationale de Paris)
(2) DUCRUC, *Revue de Gascogne*, t. XXX, 1889. Document communiqué par M. Puech.
(3) Lettre de d'Etigny, intendant de la généralité d'Auch et Pau, à M. le garde des sceaux (20 décembre 1752). Arch. départ. du Gers (c. 3-183).
(4) *Revue de Gascogne*, *loc. cit.*

« ... Un registre de douane nautique indique, pour l'année 1350, une sortie de 141 navires, avec 13.429 tonneaux de vin.

« En 1789 et avant, Bordeaux exportait 100.000 tonneaux de vin, 10.000 pièces d'eau-de-vie et 5.000 tonneaux de vinaigre.

« En 1790, la valeur moyenne des exportations des trois années précédentes représente 32.368.500 francs pour les vins et 18.627.600 francs pour les eaux-de-vie » (1).

A partir de 1804, la localisation de la production des eaux-de-vie d'Armagnac se précise. « On doit observer que la partie la mieux cultivée et la plus précieuse (des vignes basses) se trouve dans les ci-devant cantons d'Eauze, Nogaro, Manciet, Houga, Estang, Cazaubon, Fourcès et Montréal... Ces vignobles n'offrent qu'une seule espèce de raisins qu'on appelle là, picquepout, et dans le reste du département, blanquette commune. On s'attache à la quantité et non à la qualité. Les vins sont à peine potables et on les convertit en eau-de-vie qui, dans le commerce, a un assez bon renom. Dans les années bonnes, c'est-à-dire non pluvieuses, on obtient de l'eau-de-vie comme un sur une quantité de vin comme huit » (2).

C'est à cette époque que commence la substitution complétée, rapidement, des alambics à brouillis, fixes ou mobiles sur des chariots, par des appareils distillatoires semi-continus donnant du premier jet des eaux-de-vie titrant 52 degrés centésimaux.

De l'avis général, la qualité des eaux-de-vie fut amoindrie par le nouveau procédé de distillation. Mais l'économie résultant de son emploi était si élevée que toutes les tentatives pour faire revenir à l'alambic simple ont échoué (3).

Les prix de vente de l'eau-de-vie d'Armagnac ne permettaient pas de faire de grands frais pour leur préparation. De 1713 à 1787, le prix de vente moyen a été de 84 livres la pièce de 32 veltes ou 256 litres. On trouve un minimum de 41 livres en 1754 et un maximum de 124 livres en 1773. Pour la consommation, les prix étaient plus élevés. On cite un négociant de Toulouse, Pierre Bedant, qui, en 1780, vendait beaucoup d'eau-de-vie d'Armagnac à 1 livre 5 sols la bouteille. A mentionner également un achat de la marquise de Livry qui, en 1777, paya d'excellente et vieille eau-de-vie au prix de 348 livres la pièce.

Après 1798, la pièce est de 50 veltes (400 litres). Les prix augmentent très sensiblement. En octobre 1802, la pièce se vend 375 francs. En août 1804, elle ne vaut plus que 160 francs. De janvier à octobre 1806, les cours passent de 150 à 190 francs. La pièce, qui se payait 170 francs dans l'Armagnac en 1810, valait 1.000 francs la même année à Madrid. Après la forte gelée de 1817, l'eau-de-vie d'Armagnac se vend de 550 à 600 francs la pièce à Cazaubon et de 800 à 850 francs à Bordeaux. Dans le courant de l'année 1820, à Cazaubon, les prix montent de 100 à 195 francs la pièce. Ensuite, jusqu'en 1852, ils se maintiennent autour de 150 francs avec des écarts allant de 130 à 200 francs (4).

Jusqu'à ce moment, les mots eau-de-vie et Armagnac ne sont reliés que par des liens assez lâches. On connaît dans la région des crus particuliers, c'est-à-dire des propriétés dont les eaux-de-vie sont appréciées, cotées et achetées à des

(1) Pétition des propriétaires de vignes du département de la Gironde adressée aux Chambres, Lamfranque frères, imprimeurs, Bordeaux, 1828.
(2) *Annuaire du Gers pour l'an XII* (1804), p. 160.
(3) Discours de M. E. Duran. Réunion des négociants de l'Armagnac, à Condom, 1900.
(4) Ducru, *Revue de Gascogne, loc. cit.*

prix variables suivant leur qualité qui se trouve ainsi classée (1). Le classement paraît avoir été fait par un négociant de Condom très compétent, M. Duran (2).

« Au premier rang se présentent celles (les eaux-de-vie) du Bas-Armagnac, lesquelles émanent du canton de Nogaro et de Cazaubon (Gers) et de quelques communes de celui de Gabarret (Landes). Les limites de ce vignoble sont, au Sud-Est, les coteaux qui partent de Mielhan et qui intervallent la Douze et la Gélize... Les eaux-de-vie de la Ténarèze viennent après. Le sol dont elles proviennent comprend le canton d'Eauze, Gondrin, la partie occidentale du canton de Montréal et plusieurs communes limitrophes du Lot-et-Garonne.

« Les confins du Haut-Armagnac sont plus vagues et plus indéterminés que ceux des zones précédentes. Selon quelques-uns, ce pays s'étend entre les deux rivières de l'Auzoue et de la Baïse; selon d'autres, il s'élargit au point d'enclaver les cantons de Valence, de Condom, de Vic-Fezensac, de Jegun et la moitié du canton de Montesquiou » (3).

Les dénominations Bas-Armagnac, Ténarèze, Haut-Armagnac, ne sont pas très heureuses. On est naturellement porté à attribuer une moindre qualité aux Bas-Armagnacs qu'aux Ténarèze et aux Hauts-Armagnacs, alors que ces dernières eaux-de-vie sont inférieures aux précédentes. On explique les deux appellations de Bas-Armagnac et de Haut-Armagnac par des différences d'altitude au-dessus du niveau de la mer. Quant au mot Ténarèze, il ne désigne pas un pays, mais une route. Bien qu'en certains endroits on l'appelle encore *chemin de César*, cette route, qui a été praticable aux voitures jusqu'au XVIIe siècle, paraît antérieure à l'occupation romaine (4). La Ténarèze franchissait les Pyrénées au Port-du-Plan (où ses traces sont encore parfaitement visibles), suivait la vallée d'Aure, puis la ligne de partage des eaux entre l'Adour et la Garonne jusqu'à Lupiac (Gers) et de là gagnait la vallée de la Garonne par Lannepax, Cazeneuve et Sainte-Maure. La division de l'Armagnac s'est encore et très vite précisée telle qu'on peut la retrouver dans tous les auteurs qui se sont occupés de la question (5).

« Le Bas-Armagnac, qui donne les produits supérieurs et qui comprend, dans le Gers, les cantons de Cazaubon et de Nogaro, dans lesquels on distingue plus particulièrement encore les eaux-de-vie fabriquées dans les communes de Cazaubon, Houga, Castex et Estang; et dans les Landes, les parties Sud et Sud-Est du canton de Gabarret, entre autres les communes de Labastide d'Armagnac, de Créon, Lagrange et Parlebosq.

« La Ténarèze, deuxième cru des eaux-de-vie d'Armagnac, est formée des cantons d'Eauze, de la partie Ouest du canton de Montréal et de la partie du département du Lot-et-Garonne qui s'étend de Sos aux confins du Gers. On distingue particulièrement dans ces limites les crus d'Eauze et de Castelnau d'Auzan. A l'Est, la Ténarèze est bornée par la petite rivière l'Auzoue, qui traverse la vallée de Lannepax à Montréal.

« Le Haut-Armagnac commence à la partie Est du canton de Montréal et comprend ceux de Condom, Valence, Vic-Fezensac, Jegun, partie seulement de celui

(1) *Encycl. Moll et Gayot*. V. mot ARMAGNAC.
(2) Discours de M. E. Duran fils. Condom, 1900. Archives de Condom.
(3) *Revue d'Aquitaine*, t. III, p. 401 (1859). Article écrit d'après une étude parue dans le *Moniteur*, journal de la préfecture.
(4) Ainsi que le fait judicieusement remarquer M. Puech, à qui je dois aussi ces renseignements sur la Ténarèze, si les Romains en avaient fait le tracé, ils l'auraient certainement fait passer près des cités qu'ils avaient bâties. Il est donc à peu près certain que la Ténarèze existait en Aquitaine avant la conquête.
(5) Le vin, PORTES et RUYSSEN. — Le vin et les eaux-de-vie, de LAPPARENT, *Encycl. Roret*. — Distillation, *Encycl. Moll et Gayot*, etc., etc.

de Montesquiou. Les meilleures eaux-de-vie de cette zone sont celles produites entre l'Auzoue et la Baïse.

« D'autres points du Gers produisent encore de bonnes eaux-de-vie, mais qui ne sont pas classées dans le commerce, tels sont les cantons de Riscle, Aignan, Plaisance, Marciac, Mirande, Miélan, Montesquiou, Masseube, Auch, Fleurance, Lectoure. »

Dans les trois sous-régions de l'Armagnac, le cépage, sa culture, le mode de fabrication des eaux-de-vie et le climat sont à peu près identiques. Les différences de qualité doivent donc être attribuées à la composition du sol qui n'est pas la même partout. A noter que le climat paraît jouer un rôle prépondérant dans les Charentes (1).

« En Bas-Armagnac, le sol est presque partout sablonneux avec sous-sol marneux et calcaire.

« Dans la Ténarèze, la couche arable, argileuse dans les coteaux et silico-argileuse dans la plaine, repose aussi sur un sous-sol marneux.

« Dans le Haut-Armagnac, le calcaire domine, sauf la rive gauche des cours d'eau où le sol est silico-argileux (boulbènes).

Sans discuter à fond la question, il est intéressant de faire remarquer que tandis que, dans les Charentes, la qualité des eaux-de-vie paraît croître avec la proportion de calcaire, en Armagnac, c'est plutôt la silice qui semble donner le plus de finesse :

« Les eaux-de-vie du Bas-Armagnac rappellent dans ce qu'il y a de plus subtil et de plus délicat le parfum, l'arome du pruneau d'Agen ou du coing mûri sous une latitude favorable.

« Les Ténarèzes, très fines de goût et très estimées, se rapprochent beaucoup des précédentes. (On leur attribue parfois une légère odeur de violette et on reconnaît qu'elles ont moins de sève.)

Par rapport aux eaux-de-vie des Charentes, « les eaux-de-vie du Bas-Armagnac arrivent à la hauteur des Saint-Jean-d'Angély. Mais elles pourraient s'améliorer si on soignait mieux les vins et si, au lieu de les distiller d'un seul jet à 52°C., on procédait par chauffes. Les Armagnac pourraient s'élever au niveau des Saintonges et même des Bois » (2).

On a reproché aux Armagnacs de vieillir vite et de ne pas se bonifier indéfiniment comme les Cognacs. Le premier reproche fait plutôt ressortir une qualité; le second aurait besoin d'être vérifié avec des eaux-de-vie d'Armagnac authentiques et bien conservées. Avec leurs qualités remarquables, il est permis de s'étonner que les excellentes eaux-de-vie d'Armagnac ne se soient pas fait une réputation plus étendue et mieux assise. La raison qui n'a pas cessé d'être vraie remonte, semble-t-il, assez loin.

« En 1818, le prix des eaux-de-vie d'Armagnac s'éleva à 800 francs la pièce. Celui des eaux-de-vie des Charentes monta encore plus haut. Aussi les Bretons, qui ne buvaient que de l'Armagnac, achetèrent de l'eau-de-vie du Midi, tandis que les Normands, qui n'avaient bu que des Charentes, se mirent à boire des Armagnacs moins chères » (3).

Les Armagnacs seraient peut-être plus connus, mieux appréciés et surtout mieux payés s'ils avaient moins voulu se substituer aux Cognacs. Depuis cin-

(1) Dr Guyot, *Etude sur les vignobles de France.*
(2) Durau père.
(3) Discours de M. E. Duran fils, *loc. cit.*

quante ans la production et le commerce des eaux-de-vie d'Armagnac, sans qu'il y ait eu de changements dans les usages, ont eu à subir de nombreuses vicissitudes. De 1848 à 1855, le prix des eaux-de-vie passe de 48 à 75 francs l'hectolitre. L'apparition et l'invasion de l'Oïdium font monter ce prix à 200 francs en 1856. Puis il retombe à 55 francs pour se retrouver à 70 ou 75 francs en 1871, s'abaisse en 1874 à 55-65 francs pour s'élever à 150 francs en 1880 et même 180 francs en 1888. Les derniers prix sont la conséquence de la destruction des vignobles par le Phylloxera (1).

Dans l'Armagnac et en Ténarèze, la reconstitution s'est presque partout effectuée avec le cépage anciennement cultivé, la Folle blanche ou « Picquepout ». Les mêmes procédés de distillation sont usités et l'ancienne classification des eaux-de-vie n'a subi aucun changement. Entre les produits des différentes zones on trouve, comme aujourd'hui, une différence de 5 à 6 francs par hectolitre. Quand les Bas-Armagnacs valent 55 francs, les Ténarèzes sont cotées 50 francs et les Hauts-Armagnacs se paient 45 francs (2).

A partir de 1889 se produit une véritable débâcle. C'est la crise des eaux-de-vie de vin concurrencées par les alcools d'industrie. Dans ces dix dernières années, la crise vinicole n'a pas encouragé la distillation. Alors que la production des eaux-de vie d'Armagnac a pu s'élever à 200.000 hectolitres par an, la moyenne étant de 120 à 140.000 hectolitres, elle est aujourd'hui notablement inférieure à 40.000 hectolitres. Mais il n'est pas douteux que le jour où les conditions économiques de la production des eaux-de-vie, devenant plus avantageuses, laisseraient un bénéfice, l'Armagnac pourrait, sans aucune difficulté, distiller en aussi grande quantité qu'autrefois des eaux-de-vie très fines, bouquetées, moelleuses et tout à fait dignes de leur réputation.

Ce moment n'est pas encore prochain. La vogue des vins blancs et leur pénurie relative ont fait payer les vins blancs du Gers à un prix très supérieur à celui que pourrait offrir la distillation. Cette vogue s'accroîtra au fur et à mesure que les viticulteurs locaux, comprenant que la préparation des vins de table n'est pas la même que celle des vins de chaudière, consentiront à soigner autrement leur vinification.

Dans ces conditions, on comprend que la propriété distille fort peu. Les négociants locaux qui veulent des Armagnacs sont obligés d'acheter les vins et de les faire distiller. Cela devient pour eux presque une nécessité depuis l'application de la loi de 1873 sur les acquits blancs, car les viticulteurs ne voulant pas être en butte aux tracasseries de la Régie, ne bénéficient guère du privilège des bouilleurs de cru que pour leur consommation personnelle. Le jour où les Armagnacs se paieront à leur valeur, les coopératives de distillerie pourront y rendre des services en enlevant aux producteurs le souci de la Régie tout en leur permettant de bénéficier de l'acquit blanc.

Telle est la situation de la production des eaux-de-vie d'Armagnac. Les documents qui précèdent, confirmés par une enquête sur place auprès des viticulteurs et des commerçants, font entièrement ressortir les usages locaux constants pouvant justifier une délimitation (3).

(1) D'après M. Jeaneau, négociant à Condom et vice-président du Syndicat national des vins et spiritueux.

(2) D'après M. Jeneau

(3) Nous aurions voulu consulter la *Topographie des vignobles du Gers et de l'Armagnac*, par Jules Cielhan, G. Masson, 1872, qui fait autorité en la matière. Très rare, il n'a pas été possible de se le prosurer. Mais les citations publiées ailleurs n'infirment en rien les documents utilisés dans cette étude.

La commission officiellement chargée de procéder à la délimitation de l'Armagnac était ainsi composée.

M. le préfet du Gers, président ; MM. Lannelongue, Sancet et Destieux-Junca, sénateurs du Gers ; Decker-David, Lasies, Thierry-Cases, Marquis de Pins, Noulens, députés du Gers; Lourties et Lattappy, sénateurs des Landes et général Jacquey, Bouisson, Dulau, députés; Giresse, Chaumié, Belhomme, sénateurs, et Dauzon, Lagasse et G. Leygue, députés du Lot-et-Garonne; Masclanis, président du Conseil général du Gers; Hourteillan, Baches et Duffau, conseillers généraux; Duffréchou, président de la Chambre de commerce du Gers; Jeanau, vice-président; Duvigneau, membre de la même Chambre; Soubaigné, membre de la Chambre de commerce des Landes; Ducassé et Jaudet, conseillers d'arrondissement du Gers; Jaudet, conseiller d'arrondissement d'Aire-sur-Adour; Broqué, maire d'Avéron-Bergelle (Gers) ; Claverie Aymard, propriétaire à Hontaux (Landes); Descomps Thomas, propriétaire à Terraube (Gers); Launay, professeur d'agriculture à Auch ; Labarbe, maire de Vigneau (Landes); Monge, propriétaire à Fleurance (Gers) ; Parlader, maire de Mongauzy (Gers); Jules Nismes, président du Syndicat des vins et eaux-de-vie de l'Armagnac; Sourbets, négociant à Mont-de-Marsan ; Dupeyron, maire de Mézins.

Le travail de cette nombreuse commission a provoqué le décret de délimitation de l'Armagnac, qui est daté du 25 mai 1909 et dont voici le texte :

ARTICLE 1er. — Les appellations régionales « Armagnac », « eau-de-vie d'Armagnac », sont exclusivement réservées aux eaux-de-vie provenant uniquement des vins récoltés et distillés dans les territoires ci-après délimités :

I. — RÉGION DU BAS-ARMAGNAC. — DÉPARTEMENT DU GERS : *Arrondissement de Condom.* — Canton de Cazaubon : toutes les communes. — Canton de Nogaro : toutes les communes. — Canton d'Eauze : toutes les communes.

Arrondissement de Mirande. — Canton d'Aignan : les communes d'Avéron-Bergelle, Fustérouau, Margouet-Meymes, Sarragachies, Thermes-d'Armagnac. — Canton de Riscle : les communes d'Arblade-le-Bas, Barcelonne-du-Gers, Caumon, Gée-Rivière, Lelin-Lapujolle, Maulichères, Saint-Germé, Tarsac, Vergoignan.

DÉPARTEMENT DES LANDES : *Arrondissement de Mont-de-Marsan.* — Canton de Gabarret : les communes de Bethezer, Créon, Esçalans, Gabarret, Lagrange, Mauvezin, Parlebosq, Saint-Julien-d'Armagnac. — Canton de Grenade : les communes de Castendet, Cazères-sur-l'Adour, Lussagnet, le Vignau. — Canton de Roquefort : les communes d'Arrouille, Labastide-d'Armagnac, Saint-Justin. — Canton de Villeneuve-de-Marsan : la commune de Saint-Gein et la partie du canton située à l'Est de la route de Bordeaux à Pau.

Arrondissement de Saint-Sever. — Canton d'Aire : la partie de la commune d'Aire située sur la rive droite de l'Adour. L'appellation spéciale de « Bas-Armagnac » est réservée aux Armagnacs provenant des territoires ci-dessus énumérés.

II. — RÉGION DE LA TÉNARÈZE. — DÉPARTEMENT DU GERS : *Arrondissement de Condom.* — Canton de Montréal : toutes les communes. — Canton de Valence : toutes les communes. — Canton de Condom : toutes les communes.

Arrondissement d'Auch. — Canton de Vic-Fézensac : toutes les communes.

Arrondissement de Mirande. — Canton d'Aignan : les communes d'Aignan, Bouzon-Gellenave, Castelnavet, Loussous-Débat, Lupiac, Pouydraguin, Sabazan, Saint-Pierre-d'Aubezies.

DÉPARTEMENT DU LOT-ET-GARONNE : *Arrondissement de Nérac.* — Canton de Mézin : toutes les communes — Canton de Nérac : les communes d'Andiran, Fréchou, Nérac. — Canton de Francescas : les communes de Fieux, Francescas, Lasserre, Moncrabeau. L'appellation spéciale « Ténarèze » est réservée aux Armagnacs provenant de territoires énumérés au paragraphe II du présent article.

III. — RÉGION DU HAUT-ARMAGNAC. — DÉPARTEMENT DU GERS : *Arrondissement d'Auch.* — Canton d'Auch Nord : toutes les communes. — Canton d'Auch Sud : toutes les communes. — Canton de Jegun : toutes les communes.

Arrondissement de Lectoure. — Canton de Lectoure : toutes communes. — Canton de Fleurance : toutes les communes.

Arrondissement de Mirande. — Canton de Marsiac : toutes les communes. — Canton de Masseube : toutes les communes. — Canton de Miélan : toutes les communes. — Canton de Mirande : toutes les communes. — Canton de Montesquiou : toutes les communes. — Canton de Plaisance : toutes les communes. — Canton de Riscle : les communes d'Aurensan, Bernède, Corneillan, Labarthète, Lannux, Projan, Riscle, Saint-Mont, Ségos, Verlus, Vielia.

DÉPARTEMENT DU LOT-ET-GARONNE : *Arrondissement de Nérac.* — Canton de Francescas : les communes de Lamontjoie, Nomdieu, Saint-Vincent-de-Lamontjoie. — Canton de Lavardac : toutes les communes. — Canton de Nérac : les communes de Calignac, Espiens, Moncaut, Montagnac-sur-Auvignon, Saumont. — Canton de Houeillès : la commune de Durance.

Arrondissement d'Agen. — Canton de Laplume : toutes les communes. L'appellation spéciale « Haut-Armagnac » est réservée aux Armagnacs provenant des territoires énumérés au paragraphe III du présent article.

La nouvelle délimitation est le renversement complet des « usages locaux constants ». L'Armagnac à eau-de-vie est singulièrement accru. On y trouve des cantons où la vigne blanche n'est pas cultivée et où les vignes rouges sont plutôt rares. Dans d'autres, on y distille souvent des vins de Chasselas! L'ancienne Ténarèze passe presque entière dans le nouveau Bas-Armagnac élargi et le Haut-Armagnac agrandi devient la nouvelle Ténarèze. Les raisons techniques qui ont pu motiver ce bouleversement des coutumes ininterrompues depuis plus de cinquante ans sont difficiles à discerner (1).

A vrai dire, comme on distille peu dans le Bas-Armagnac et la Ténarèze et presque pas dans le Haut-Armagnac, la nouvelle délimitation ne risque pas d'apporter une perturbation immédiate dans la production et la vente des eaux-de-vie. Ce n'est que lorsqu'on connaîtra d'une manière plus complète et par la pratique les mesures prises pour assurer l'application du décret de délimitation, qu'on pourra apprécier toutes ses conséquences. Le moment n'est pas encore venu de faire cette étude.

J. VINCENS,
Directeur de la Station Œnologique de Toulouse.

LA DÉLIMITATION DE LA CHAMPAGNE VITICOLE

Le décret de délimitation de la Champagne viticole en date du 17 décembre 1908, paru au *Journal officiel* du 1 janvier suivant, est ainsi conçu :

ARTICLE PREMIER. — L'appellation régionale « Champagne » est exclusivement réservée aux vins récoltés et manipulés entièrement sur les territoires ci-après délimités :

Arrondissement de Châlons-sur-Marne. — Toutes les communes.
Arrondissement de Reims. — Toutes les communes.
Arrondissement d'Epernay. — Toutes les communes.
Arrondissement de Vitry-le-François. — Canton de Vitry : toutes les communes ; canton de Heiltz-le-Maurupt, les communes suivantes : Bassu, Bassuet, Changy, Doucey, Outrepont, Rosay, Vanault-le-Châtel, Vanault-les-Dames, Vavray-le-Grand, Vavray-le-Petit.

Arrondissement de Château-Thierry. — Canton de Condé-en-Brie, les communes suivantes : Condé-en-Brie, Saint-Agnan, Barzy-sur-Marne, Baulne, Celles-lès-Condé, la Chapelle-Monthodon, Chartèves, Connigis, Courboin, Courtemont-Varennes, Crézancy, Saint-Eugène, Jaulgonne, Mézy-les-Moulins, Monthurel, Montigny-lès-Condé, Montlevon, Pargny-la-Dhuys, Passy-sur-Marne, Reuilly-Sauvigny, Tréloup ; canton de Château-Thierry, les communes suivantes : Château-Thierry, Azy, Blesmes, Bonneil, Brasles, Chierry, Essômes, Etampes, Fossoy, Gland, Mont-Saint-Père, Nesles Nogentel, Verdilly ; canton de Charly, les communes suivantes : Charly, Bezule-Guery,

(1) D'après plusieurs membres de la Commission, le dossier de la délimation de l'Armagnac à la préfecture du Gers ne renferme aucun document se rapportant aux usages locaux constants.

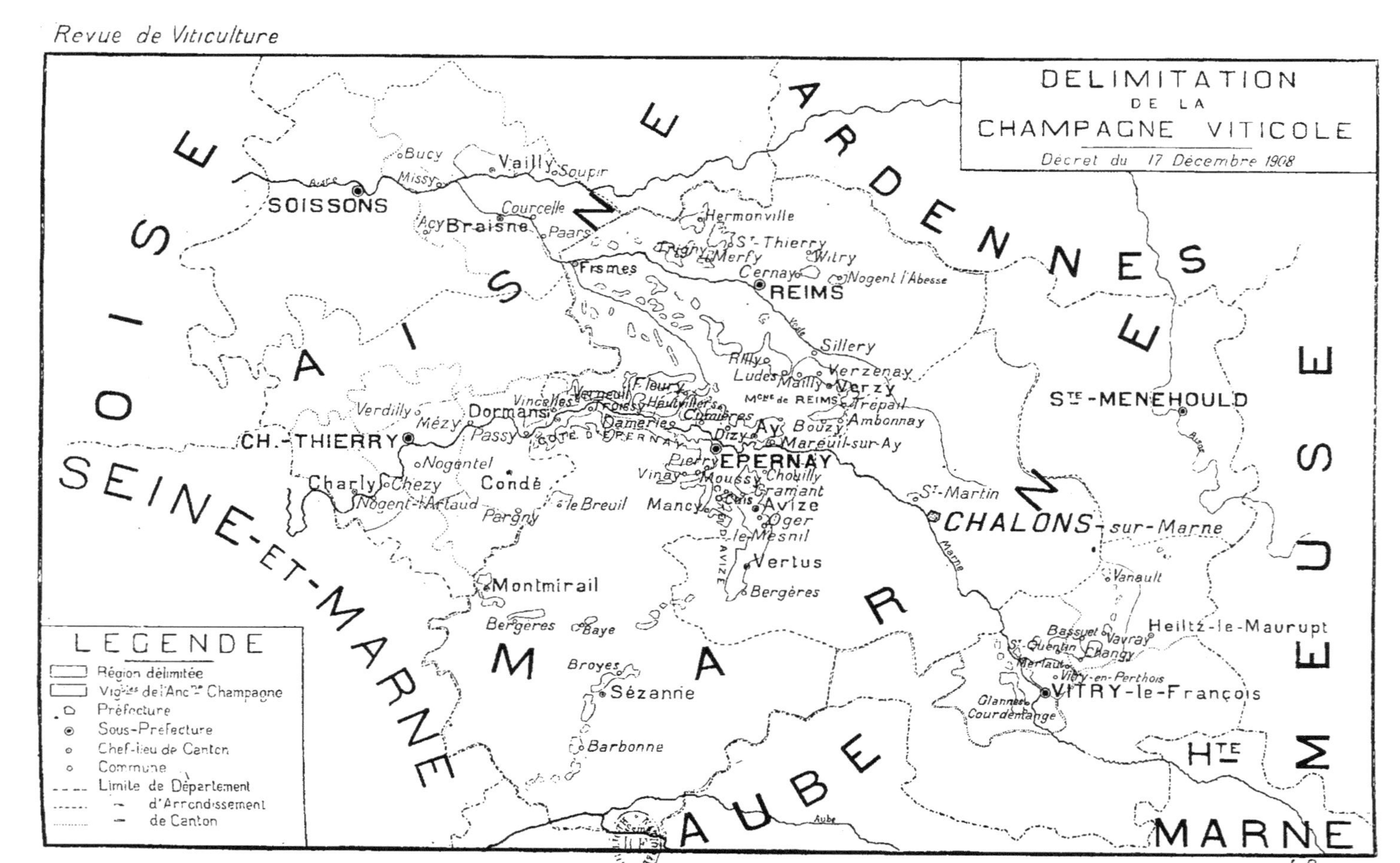
DELIMITATION
DE LA
CHAMPAGNE VITICOLE
Décret du 17 Décembre 1908
LEGENDE
Région délimitée
Vignes de l'Ancne Champagne
Préfecture
Sous-Préfecture
Chef-lieu de Canton
Commune
Limite de Département
d'Arrondissement
de Canton
OISE
AISNE
ARDENNES
MARNE
MEUSE
SEINE-ET-MARNE
AUBE
Hte MARNE
SOISSONS
Bucy
Missy
Vailly
Soupir
Acy
Braisne
Courcelle
Paars
Fismes
Hermonville
St-Thierry
Merfy
Trigny
Witry
Cernay
REIMS
Nogent l'Abesse
Sillery
Rilly
Ludes
Mailly
Verzenay
Verzy
Trépail
Mne de REIMS
Ambonnay
Bouzy
Ay
Dizy
Mareuil-sur-Ay
Cumières
Hautvillers
Fleury
Verneuil
Vincelles
Troissy
Damery
Dormans
Verdilly
Mézy
Passy
CÔTE D'EPERNAY
CH.-THIERRY
Nogentel
Charly
Chezy
Nogent-l'Artaud
Condé
Pargny
le Breuil
EPERNAY
Pierry
Vinay
Moussy
Chouilly
Cramant
Cuis
Avize
Mancy
Oger
le Mesnil
CÔTE D'AVIZE
Vertus
Bergères
Montmirail
Bergères
Baye
Broyes
Sézanne
Barbonne
St-Martin
CHALONS-sur-Marne
Marne
Ste-MENEHOULD
Vanault
Heiltz-le-Maurupt
Bassuet
Vavray
St-Quentin
Changy
Merlaut
Vitry-en-Perthois
VITRY-le-François
Glannes
Courdemange
Aube
L. Dormeau

Chezy-sur-Marne, Crouttes, Domptin, Montreuil-aux-Lions, Nogent-l'Artaud, Pavant, Romeny, Saulchery, Villiers-sur-Marne.

Arrondissement de Soissons. — Canton de Braisne, les communes suivantes : Braisne, Acy, Augy, Barbonval, Blanzy-lès-Fismes, Brenelles, Chassemy, Ciry-Salsogne, Courcelles, Couvrelles, Cys-la-Commune, Dhuizel, Glennes, Longueval, Merval, Saint-Mard, Paars, Pertes, Presles-et-Boves, Revillon, Sermoise, Serval, Vasseny, Vauxéré, Vauxtin, Viel-Arcy, Villiers-en-Prayères ; canton de Vailly, les communes suivantes: Vailly, Bucy-le-Long, Celles-sur-Aisne, Chavonne, Chivres, Condé-sur-Aisne, Missy-sur-Aisne, Sancy, Soupir.

Ce décret avait été précédé de la réunion d'une commission spéciale qui a eu lieu à la préfecture de la Marne le 12 mai 1908 ; composée à l'origine de 27 membres de la Marne et de 25 membres de l'Aube et de l'Aisne, elle fut bien vite diminuée par la sortie des délégués de l'Aube qui se retirèrent aussitôt la séance ouverte, après avoir protesté par la voix de M. Castillard, député, contre la convocation et la composition illégales de la commission. Cette commission, animée de sentiments de conciliation, a admis, en plus de la Marne, 21 communes du canton de Condé-en-Brie et 23 communes de la vallée de la Marne dans les cantons de Château-Thierry et Charly; ce n'est pas sans étonnement qu'on a vu ensuite une partie de l'arrondissement de Soissons figurer dans la délimitation.

Divers vœux ont été émis qui intéressent toutes les régions viticoles soumises à une délimitation : 1° Qu'une pièce de régie spéciale soit accordée aux vins des régions délimitées comme conséquence indispensable de leur délimination ; 2° Que des locaux distincts soient imposés aux négociants en gros pratiquant à la fois le commerce des vins de Champagne d'origine et le commerce des autres vins; 3° que la mention « Champagne » figure obligatoirement sur les étiquettes et les bouchons.

La contenance totale de la Champagne viticole telle qu'elle résulte du décret ci-dessus rappelé se répartit ainsi :

Département de la Marne moins l'arrondissement de Sainte-Menehould et une partie de l'arrondissement de Vitry le-François	hect.	13.808
Partie de l'arrondissement de Château-Thierry		1.733 87
Partie de l'arrondissement de Soissons		90.10
Total	hect.	15.641 97

Les parties exclues du département de la Marne sont très peu importantes: dans l'arrondissement de Sainte-Menehould il n'y a plus guère de vignes qu'à Passavant qui compte environ 22 hectares et les propriétaires trouvent facilement l'écoulement sur place de leurs produits.

Le sol des vignobles à vins fins de la Marne indiqués sur la carte ci-contre est issu de diverses formations géologiques : la plaine appartient à l'étage crétacé supérieur et est constitué par la craie blanche ; elle est bordée par des coteaux de formation tertiaire inférieure où l'on rencontre des argiles plastiques, des sables silicieux et des calcaires grossiers. Cette partie des vignobles peut-être divisée en trois sections: 1° les vignes dites de rivière, qui s'étendent de Damery à Bouzy; 2° celles situées en coteaux de la montagne de Reims ; 3° et les vignes à raisins blancs de la côte d'Avize, Cramant, Oger, Le Mesnil. L'encépagement de ces vignobles est, sauf de rares exceptions, le Pinot noir et le Pinot blanc Chardonnay. Tous les autres crus de la Marne et des pays annexés pourraient être compris dans une autre section.

Malgré la grande quantité de ceps qui peuplent les vignes, — car on en compte 45 à 50.000 par hectare et quelquefois plus dans les crus à raisins noirs — le rendement des vignes de la Marne est faible ; il faut une année exceptionnelle comme 1904 pour obtenir 800.000 hectolitres; 1907 n'a produit que 283.000 hectolitres et 1908, 77.500 hectolitres, la moyenne peut être évaluée à 20 hectolitres par hectare.

L'épaisseur de terre qui recouvre le sous-sol de craie étant très faible et la température dépassant à peine le minimum de ce qu'il faut pour mûrir les raisins, ce n'est qu'à force de soins et d'apports annuels de terre et d'engrais qu'on parvient à cultiver la vigne dans de bonnes conditions. C'est surtout par la « bêcherie » — recouchage annuel en terre de tous les ceps sans exception — que l'on remédie à ce défaut de température et d'épaisseur du sol. Ce mode de culture qui occupe les ouvriers toute l'année en leur assurant le confort nécessaire revient excessivement cher, surtout depuis qu'il faut défendre ces vignes contre les maladies et les nombreux insectes qui les attaquent; les dépenses de toutes sortes s'élèvent à près de 4.000 francs l'hectare! Mais aussi ce sont ces crus célèbres du département de la Marne qui ont fait et maintenu jusqu'ici la renommée universelle des vins de Champagne, dont les environs profitent nécessairement.

Ainsi que le vin qu'elle produit et que l'on consomme partout aujourd'hui, la vigne s'est démocratisée. Il n'existe dans la Marne aucun de ces clos célèbres, comme dans la Gironde, dont la vaste étendue fermée est agrémentée de superbes châteaux de tous styles; ici, la propriété viticole bien peu importante comme contenance est divisée entre 25.719 propriétaires.

Il y a vingt ans que le Phylloxera a fait sa première apparition en Champagne; grâce au peu de température du pays et à l'emploi bien fait du sulfure de carbone, on a pu conserver les 6/7 du vignoble en production, le surplus est en voie de reconstitution au moyen principalement des hybrides de Berlandieri.

Anciennement, le vigneron faisait lui-même son vin et, lorsque après les froids ce vin était devenu clair, il en remettait, par l'intermédiaire de commissionnaires, des échantillons aux négociants avec lesquels il débattait le prix, mais maintenant la fonction du viticulteur s'arrête au moment de la vendange, pendant laquelle il livre ses raisins dans de grands paniers pesant, étant pleins, de 80 à 100 kilogrammes aux prix fixés, au kilogramme, par le commerce. Lorsque les raisins sont ainsi pesés et livrés, c'est au négociant qu'incombe le soin de les transformer en vin, prélude de manipulations nombreuses qui exigent des connaissances spéciales, des installations particulières permettant de développer les propriétés naturelles du produit qui ne sont que la conséquence de ses qualités et des soins donnés, sans que rien puisse rappeler la fabrication, mot employé souvent, mais à tort, car rien n'est fabriqué dans le véritable vin de Champagne.

Le triage des raisins est tout d'abord exécuté avec la plus grande attention; de ces raisins de choix, dont on prend au moins 400 kilogrammes et souvent plus pour faire une pièce de deux hectolitres, on se contente d'extraire ce qu'il y a de meilleur comme moût, sans foulage préalable et au moyen de pressoirs à grandes surfaces, mais peu profonds, qui ne mettent aucune pièce de fer en contact avec le fruit.

Le moût ainsi obtenu est mis en tonneaux dans les celliers où il fermente et se transforme en vin. Puis, en suivant les principes de Dom Pérignon, bénédictin de l'abbaye d'Hautvilliers qui, le premier, en a fait l'application méthodique vers la fin du XVIIe siècle, on développe la mousse de ce vin et on le descend en caves en attendant son expédition.

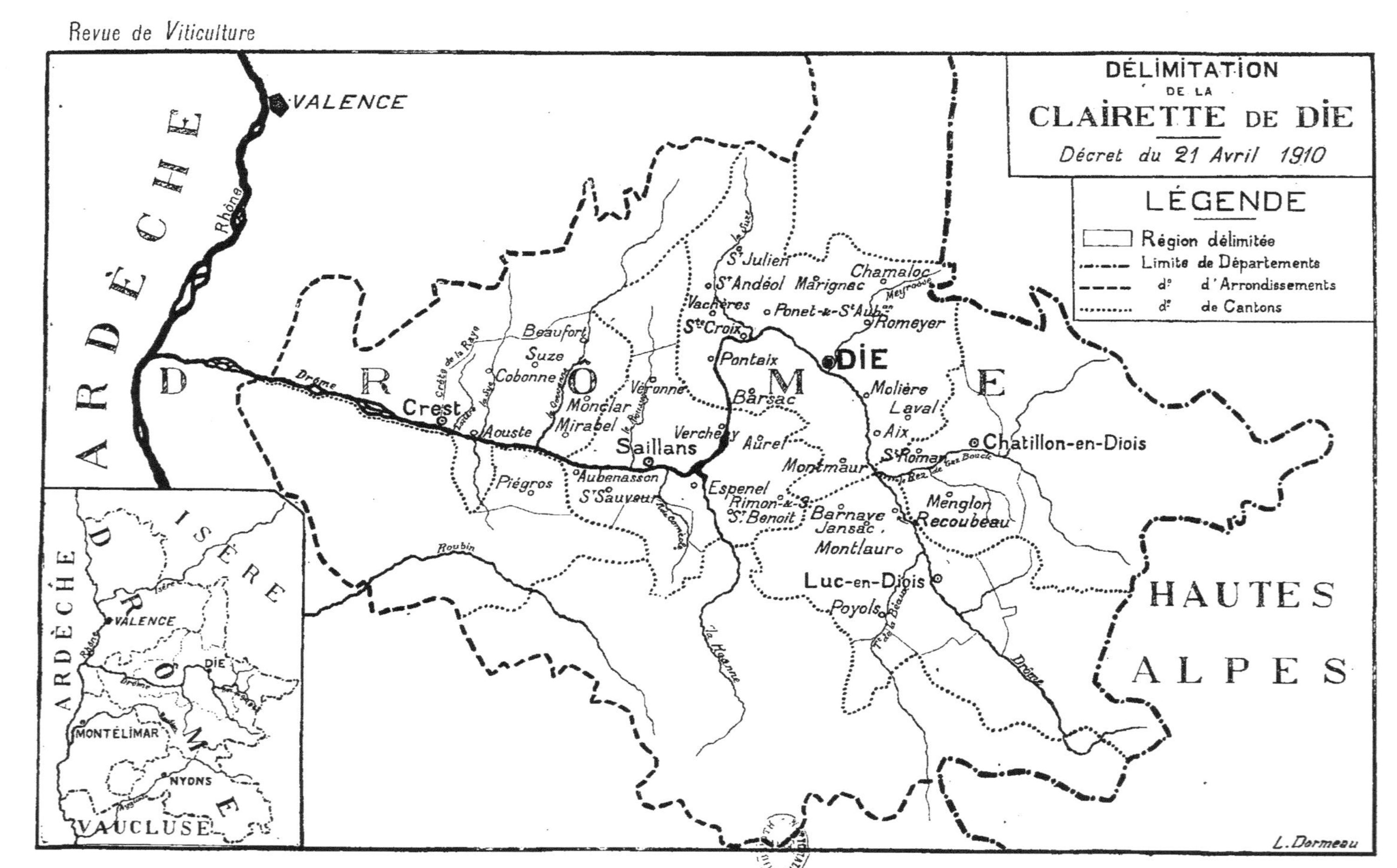
DÉLIMITATION
DE LA
CLAIRETTE DE DIE
Décret du 21 Avril 1910
LÉGENDE
Région délimitée
Limite de Départements
d° d'Arrondissements
d° de Cantons
ARDÈCHE
DRÔME
HAUTES ALPES
VALENCE
Rhône
Drôme
Crest
Aouste
Crête de la Raye
Beaufort
Suze
Cobonne
Monclar
Mirabel
Véronne
Saillans
Vercheny
Piégros
Aubenasson
St Sauveur
St Julien
St Andéol
Marignac
Chamaloc
Vachères
Ponet-&-St Auban
Romeyer
Ste Croix
Pontaix
DIE
Barsac
Molière
Laval
Aix
Aurel
Montmaur
St Roman
Chatillon-en-Diois
Espenel
Rimon-&-St Benoit
Barnaye
Jansac
Montlaur
Menglon
Recoubeau
Luc-en-Diois
Poyols
Roubin
la Roanne
ISÈRE
VAUCLUSE
MONTÉLIMAR
NYONS
L. Dormeau

Dans d'autres pays, on a rendu des vins mousseux en suivant les mêmes principes et pour décrire cette opération, on emploie couramment les mots : champagniser, champagnisation semblant indiquer par là que c'est la prise de mousse qui transforme un vin quelconque en champagne. C'est une erreur qu'il importe de rectifier, la dénomination « champagne » ne s'applique qu'au produit qui est récolté et manutentionné en Champagne et non à l'opération elle-même.

Le commerce des vins de Champagne suit une marche continue ; d'après la Chambre de commerce de Reims, d'avril 1908 à avril 1909 on a expédié : à l'étranger, 19.992.314 bouteilles ; en France, 12.713.024 ; soit ensemble, 32.705.338 bouteilles. Pour faire face aux besoins du commerce, il existait en caves, au 1er avril 1909, 131.425.513 bouteilles, plus 349.604 hectolitres en fûts.

C'est dans cette situation que le décret ci-dessus visé a ajouté au département de la Marne 1.823 hect. 47 ares de vigne dont la production annuelle peut être évaluée à 100 hectolitres à l'hectare.

Jusqu'à Château-Thierry, le sol se rapproche de celui de Marne mais ensuite il en diffère beaucoup. La reconstitution y est très avancée, les porte-greffes employés sont principalement le Riparia-Gloire, le Rupestris du Lot, 101-14, le 1202 et le 3309 sur lesquels on a greffé une trop grande variété de plants et notamment : le gros Meunier, le Gamay, le Gouais, le petit Meslier et surtout le Meslier Saint-François à grand rendement.

La vigne est cultivée tantôt en lignes à la charrue, tantôt en foule en provignant de longs sarments dans des fosses profondes qui sont comblées en six ou sept ans ; on laisse de longues branches à fruits dont l'extrémité est piquée en terre.

Lorsqu'on prend tant de précautions dans la Marne en posant les raisins pour éviter de les froisser, on trouve étonnant de voir dans les parties nouvellement annexées fouler la vendange avant le pressurage, ce qui fournit un vin coloré ; cela ne présentait que peu d'inconvénients parce qu'une grande partie de la récolte était vendue aux débitants pour être consommée sans être travaillée, mais il est probable que maintenant, avec les bons conseils de M. le professeur départemental d'Agriculture et les soins éclairés et si précieux de M. Hoc, professeur spécial, on supprimera cette manière d'opérer ainsi que les cultures intercalaires dans lesquelles les haricots dominent.

Ce n'est pas seulement le département de l'Aisne qui demandait à être incorporé dans la Champagne viticole, la Haute-Marne, sans insister toutefois, élevait la même prétention ; puis le département de l'Aube qui persiste encore dans son désir en se basant sur des acquisitions de vins faites dans l'Aube par des Champenois, sans doute exceptionnellement et en dehors du grand commerce, et aussi sur ce que l'Aube faisait autrefois partie de la province de Champagne dont les limites ont été souvent modifiées et ont été parfois très étendues.

G. LOCHE.
Propriétaire-Viticulteur.

LA DÉLIMITATION DE LA CLAIRETTE DE DIE

La délimitation de la Clairette de Die a été demandée par le Syndicat vinicole pour la défense de la Clairette de Die. M. Maurice Faure, à la tribune du Sénat, réclama énergiquement le bénéfice de la délimitation pour les crus non visés par la circulaire ministérielle du 4 décembre 1907. M. Maurice Faure soutint éloquemment que tous les crus, les petits comme les grands, avaient un droit égal à la protection des pouvoirs publics, ajoutant avec à propos qu' « il n'est pas téméraire d'affirmer que ce sont précisément les crus de moindre importance dont il sera le plus facile de déterminer le territoire de production, sans qu'il y ait à redouter les combats homériques dont la vieille Champagne nous a donné le spectacle ».

La commission officielle chargée de procéder à cette délimitation était ainsi composée : M. le préfet de la Drôme, président; le sénateur Maurice Faure; MM. Andrieux Albert, de Saillans; Béranger, banquier à Die; Bernard Henri, de Sainte-Croix; Chancel Louis, de Châtillon; Coste, professeur spécial d'agriculture, à Die; Girouin Henri, d'Espenel; Jean Auguste, de Mirabel-et-Blacous; Jouannis Louis, de Châtillon; Lagier Jean, de Barnave; Raffin Paul, de Suze; Rolland, professeur départemental d'agriculture; Terrasse Auguste, de Piégros-la-Clastre.

Le décret du 21 avril 1910 a définitivement fixé la région qui produit la Clairette de Die et qui a pour ce vin un droit exclusif à cette dénomination.

Cette région, entièrement contenue dans l'arrondissement de Die, comprend les territoires des communes ci-après :

Canton de *Die* : toutes les communes.

Canton de *Châtillon-en-Diois*, les communes suivantes : Châtillon-en-Diois, Menglon, Saint-Roman.

Canton de *Luc-en-Diois*, les communes suivantes : Barnave et Jansac, Luc-en-Diois, Montlaur, Poyols et Recoubeau.

Canton de *Saillans*, les communes suivantes : Aubenasson, Aurel, Espenel, Rimon et-Savel, Saillans, Saint-Benoît, Saint-Sauveur, Vercheny, Véronne.

Canton de *Crest* (*Sud*), la commune de Piégros-la-Clastre.

Canton de *Crest* (*Nord*), les communes suivantes : Aouste, Beaufort, Cobonne, Mirabel-et-Blacous, Montclar, Suze, et la partie de Crest comprise entre la Drôme et la crête de la Raye, à l'Est de la ville.

Cette délimitation n'a soulevé aucune objection. La commission n'a rencontré aucune difficulté à établir les usages locaux constants dont elle devait s'inspirer, car les éléments sur lesquels elle devait appuyer ses conclusions sont tout à fait caractéristiques et n'ont pas essentiellement changé depuis l'antiquité. Aucune divergence d'opinion ne pouvait se présenter sur la définition de la nature du vin, sur les conditions où il a toujours été produit et sur les territoires, à l'exclusion de tous autres, où il est obtenu depuis un temps immémorial.

Sous le nom général de Clairette de Die, on désigne le vin blanc (ou rosé) préparé doux mousseux, soit avec les raisins du *Muscat blanc* (*ou rose*), soit avec les raisins de la *Clairette*, soit avec un mélange des raisins de ces variétés. De beaucoup, c'est le Muscat blanc qui domine, à cause de sa maturité plus hâtive qui lui vaut une aire d'adaption plus étendue et aussi de son parfum plus recherché. Cependant, à ce dernier point de vue, il convient de remarquer que les dégustateurs délicats ne trouvent pas le vin de Clairette inférieur avec son bouquet subtil.

Ce vin spécial était connu au temps de l'occupation romaine durant laquelle Die fut une cité importante. Pline note que les empereurs romains tenaient en grande estime « la Clairette de Dea Augusta » et donne quelques détails sur la préparation des raisins. Au moyen âge, les Diois étaient fiers de leur vin renommé et ils mettaient des tonneaux de Clairette parmi les dons qu'ils offraient à leur nouveau seigneur-évêque à son entrée dans la ville de Die. Depuis, les vignerons de cette région n'ont pas cessé de donner une place prépondérante dans leurs plantations aux cépages Muscat et Clairette. Avant le Phylloxera, la production annuelle de Clairette s'élevait de 8 à 9.000 hectolitres; aujourd'hui, les récoltes abondantes atteignent 7.000 hectolitres.

La plus grande partie de la production est expédiée, dès novembre, en petits fûts dans les départements du Dauphiné, à Lyon, dans le bassin minier de la Loire, et elle est surtout consommée chez les débitants. Une petite quantité de Clairette de Die est soumise aux procédés de la champagnisation. Sous cette dernière forme, la Clairette de Die occupe un rang honorable parmi les vins champagnisés secondaires.

Si, dans le temps, les procédés de fabrication de Clairette de Die ont subi quelques modifications de détail, ils ont eu toujours pour effet de donner un vin à consommer doux et mousseux. Le but de la méthode de vinification particulière à la Clairette est d'obtenir un vin qui, au moment où la fabrication est terminée, conserve un degré de douceur convenable et puisse prendre ultérieurement la mousse en ne formant dans le liquide qu'un trouble très léger et peu apparent.

Actuellement, la plupart des vignerons cherchent ce résultat dans le ralentissement répété de la fermentation au moyen de filtrages successifs. Le moût sorti du pressoir, d'abord collé et filtré dans un cuvier, est ensuite mis en fûts de faible contenance dont le plein est fait. A partir de ce moment, le vigneron suit la marche de la fermentation et cherche à en modérer l'allure par des filtrages. Au bout d'un nombre variable de ces manipulations, nombre qui dépend de l'état des raisins, de la température extérieure et de la pression barométrique, le vin peut fermenter faiblement sans formation de lies susceptibles de le troubler, et il est considéré comme pouvant être livré à la consommation.

Il n'est pas sans intérêt de rappeler ici l'explication théorique de cette fabrication qu'a donnée M. Roos, l'ingénieux directeur de la station œnologique de l'Hérault.

M. Roos a montré que les filtrages, en retenant sur les parois du filtre une certaine quantité de levures, enlevaient au vin, sous cette forme organisée, des matières alimentaires contenues dans le moût et appauvrissaient ainsi ce moût en ses sublances nutritives. Lorsque cet appauvrissement a atteint un certain degré, les levures ne se multiplient plus guère, se nourrissent peu activement, assez cependant pour produire le gaz carbonique nécessaire à la mousse, mais insuffisamment pour troubler le vin et pour détruire complètement le sucre. M. Roos a pu dire que la fabrication de la Clairette de Die consistait d'abord à produire de la levure et à l'éliminer ensuite. Partant de là, il a préconisé une méthode plus rapide et plus sûre de fabrication, qui a déjà donné entre les mains d'habiles praticiens d'excellents résultats.

Cette méthode consiste : 1° à exciter la multiplication des levures par une aération intense obtenue par une fermentation en cuves larges et peu profondes, par des soutirages répétés dans les premiers jours de la fermentation et pratiqués de manière à procéder par décantation à une élimination des levures vieilles ; 2° à faire suivre ces soutirages d'un filtrage, lorsque la quantité de levures produites a été assez abondante et correspond à un épuisement convenable en principes alimentaires des levures.

La manipulation la plus délicate dans cette fabrication est le filtrage. Il y a encore un demi-siècle, cette opération se faisait avec de petits entonnoirs sur du papier-filtre. Le filtrage fut simplifié par l'adoption de la manche, dont beaucoup de vignerons se servent encore. Mais le travail de ce vin est incomparablement plus expéditif avec les filtres à pression dont l'introduction a été provoquée par M. Roos, dont l'emploi s'est rapidement généralisé et qui, dans un avenir prochain, remplaceront partout la manche.

Non seulement le type du vin de la Clairette de Die et sa méthode de fabrication possèdent des traits tellement distinctifs qu'il était facile de rétablir le territoire de production immémoriale, mais encore les terres de la région productrice ont des caractères communs de constitution physique et chimique ainsi que d'exposition. Cela résulte de ce que les roches sédimentaires, qui leur ont donné naissance, se sont déposées à peu près à la même époque, dans les mêmes conditions, et les assises auxquelles ces roches appartiennent ont été soumises aux mêmes mouvements tectoniques.

Les roches de la région délimitée se sont formées pendant l'ère secondaire. Les étages du jurassique moyen (bathonien et bajocien) et ceux du jurassique supérieur (oxfordien, callovien, séquanien, kimméridjien et tithonique) se superposent sur la pente des montagnes qui encadrent, de chaque côté, la vallée de la Drôme, depuis le claps de Luc jusqu'au pont de Sainte-Croix, et depuis le pont de Pontaix jusqu'au pont d'Espenel. Les affluents qui se jettent dans la Drôme sur ce parcours ont également creusé leur vallée inférieure dans l'épaisseur du jurassique. Le reste de la région étudiée est occupé seulement par les étages du crétacé inférieur (berriasien, valanginien, hauterivien, barrémien, aptien).

Vers la fin de l'ère secondaire commença la série des poussées internes qui devaient édifier les Alpes, et la région dont il s'agit fut soulevée au-dessus des mers qui ne l'envahirent plus jamais. Ces poussées internes ont eu pour tendance de faire saillir les étages inférieurs du jurassique au travers des étages supérieurs qui durent se fracturer pour livrer passage aux premiers. Le jurassique, sous la force de ces soulèvements, s'est ouvert du claps de Luc à Sainte-Croix, de Pontaix au pont d'Espenel, formant la vallée de la Drôme entre Luc et Sainte-Croix, entre Pontaix et Espenel. Le crétacé refoulé de chaque côté de deux dômes anticlinaux voisins a formé la vallée synclinale de Saillans.

C'est ainsi que s'est modelé le Diois et tout le pays à l'Est de Crest, à l'Est de la montagne de la Raye, c'est-à dire la région de la Clairette de Die. C'est sur les pentes de cette vallée synclinale et de ces vallées de fracture que sont cultivés le Muscat et la Clairette. Les divers étages qui affleurent sur ces pentes sont occupés par des roches dont la constitution minéralogique et la constitution physique sont analogues.

Au point de vue minéralogique, leur examen révèle la présence constante de l'argile et du calcaire dans tous ces étages jurassiques et crétacés qui sont formés par des bancs marnocalcaires ou de calcaires marneux.

Au point de vue physique, dans ces roches dominent les éléments fins d'argile et de calcaire ; ces roches ont une coloration généralement foncée, noire, bleue ou grise.

Ces roches ont donné lieu, par leur désagrégation sur place, à des terres cultivées assez semblables quant à leurs propriétés méneralogiques et physiques desquelles dépendent essentiellement, sous le même climat et sur la même configuration du sol, les facultés d'adaptation des plantes et la qualité de leurs produits. Sur toutes ces terres riches en argile, de couleur foncée, en pente et bien exposées au soleil, les cépages de Muscat et de Clairette ont donné des vins de même qualité. Les propriétés analogues de ces terres ont conduit les anciens

Revue de Viticulture
DÉLIMITATION
DU
BANYULS
Décret du 18 Septembre 1909
MÉDITERRANÉE
AUDE
PERPIGNAN
Agly
PYRÉNÉES
Prades
ORIENTALES
Céret
Tech
Collioure
Port-Vendres
Banyuls
Cerbère
LÉGENDE
Région délimitée
Dépt des Pyrénées-Orientles
Sorède
Ravaner
Riv. de Sorède
PYRÉNÉES
ORIENTALES
Collioure
Port-Vendres
Cap Béar
Banyuls
Riv. de Banyuls
Cerbère
Ribéral
Cap Cerbère
ESPAGNE
L.Dormeau

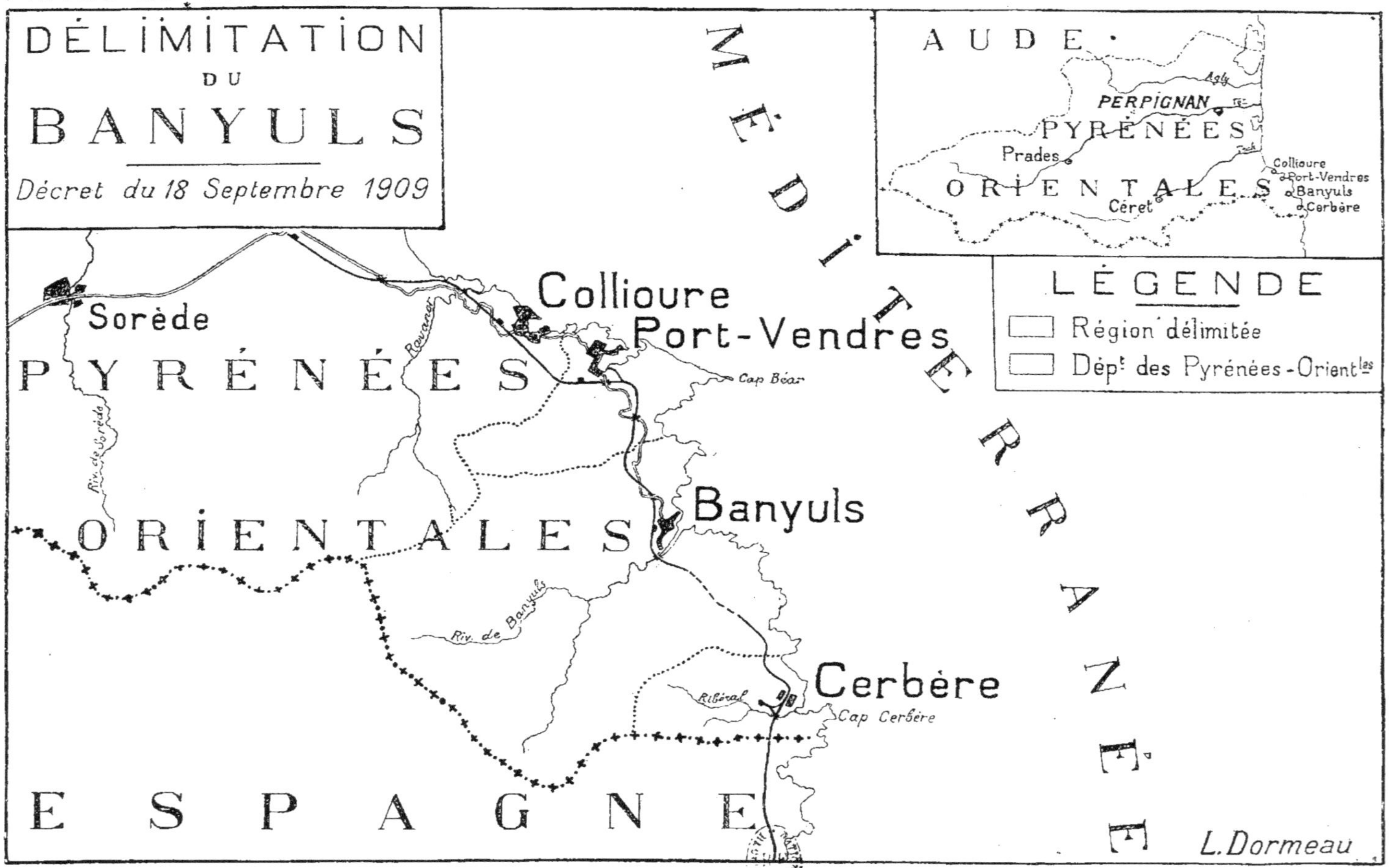

vignerons à y cultiver les mêmes cépages fins qui donnent la Clairette de Die : elles devaient également imposer la délimitation adoptée.

La délimitation de la Clairette de Die telle qu'elle a été consacrée légalement est donc justifiée à tous égards. Elle a été accueillie avec faveur par tous les producteurs dont la plupart sont de petits propriétaires. Avec le concours du syndicat créé pour la défense de la Clairette de Die, en s'appuyant sur le décret du 21 avril 1910, il sera possible maintenant d'empêcher la concurrence déloyale que font à ce vin, sous la même appellation, des produits de fabrication similaire, mais d'origine et de qualité différentes.

Louis Rolland,
Professeur départemental d'agriculture de la Drôme.

LA DÉLIMITATION DU BANYULS

Le décret suivant a consacré officiellement l'existence et les caractères du vin de Banyuls :

Article premier. — L'appellation régionale « Banyuls » est exclusivement réservée aux vins récoltés et manipulés sur le territoire des communes de Cerbère, Port-Vendres, Banyuls, et sur la partie de la commune de Collioure voisine des précédentes jusqu'au Ravaner.

Art. 2. — Les ministres de l'Agriculture, du Commerce et de l'Industrie, de la Justice et des Finances, sont chargés, chacun en ce qui les concerne, de l'exécution du présent décret, qui sera publié au *Journal officiel* de la République française et inséré au *Bulletin des Lois*.

Fait à Rambouillet, le 10 septembre 1909.

J'ai publié, il y a plus de quatre ans dans la *Revue* (1), une étude sur le cru de Banyuls où je donnais la description agronomique de cette région ; je montrais les caractères des vins, la facilité presque sans égale de limiter un territoire si particulier ; je faisais aussi l'historique de la production et du commerce des vins de Banyuls, en indiquant à cet égard tous les documents que j'avais pu me procurer. Les intéressés pourront se rapporter à ce travail qui me dispense de faire, aujourd'hui que le territoire de Banyuls est délimité, une bien longue présentation.

Le décret ci-dessus est d'un laconisme et d'une simplicité qui peuvent surprendre à première vue. Jusqu'ici, dans la plupart des décrets analogues, on définissait d'abord le produit que l'on voulait protéger. Dans un second article on interdisait telles ou telles pratiques que d'avance on pouvait prévoir comme susceptibles d'engendrer une fraude ou une tromperie. Enfin, un troisième article apportait l'indication des territoires qui, dans l'avenir, pourraient avoir le privilège d'user d'une appellation régionale interdite aux produits similaires de toute autre origine.

Dans le décret précité il y a peu de chose à dire au sujet du territoire délimité. Il est bien celui que j'avais proposé en 1906. Tout au plus peut-on dire qu'il aurait suffi d'ajouter simplement le nom de Collioure à la suite des trois autres communes, parce que *la partie de la commune de Collioure voisine des précédentes jusqu'au Ravaner*, c'est la commune toute entière. La carte ci-jointe donne l'aspect géographique de la région délimitée.

Mais, contrairement à ce qu'on pouvait attendre, il n'y a dans ce décret aucune définition technique du vin de Banyuls et, par suite, aucune interdiction de pra-

(1) *Revue de Viticulture*, n° 646 du 3 mai 1906. — Le Cru de Banyuls, par Lucien Semichon.

tiques suspectes se rattachant aux moyens détournés de faire accorder avec la définition du Banyuls des vins qui n'y répondraient pas. Le décret dit : *L'appellation Banyuls est réservée aux vins récoltés et manipulés sur le territoire de...*

Cette définition est à dessein très générale. Elle présente certains dangers contre lesquels je tiens à prémunir les producteurs de Banyuls.

Tout le monde sait que le Banyuls est un vin de liqueur. Le décret ne le dit pas. Comme on fait sur le territoire délimité, non seulement du Banyuls au sens commercial du mot, mais aussi des vins de coupage de Carignan, d'Alicante, etc., quelque peu de Muscats ou autres vins doux, le décret permet de vendre ces vins comme Banyuls. Ce serait une grosse faute.

Le Banyuls rouge ou doré a des caractères œnographiques bien définis et ce serait jeter la confusion parmi les consommateurs et compromettre la renommée et l'avenir de ce cru que vendre, sous le nom de Banyuls, des vins rouges ordinaires de Carignan ou d'Alicante, voire même des Muscats, des Macabeus ou n'importe quel autre vin récolté et manipulé sur le territoire délimité.

Il y a à cette omission du décret une excuse, plus qu'une excuse, une raison. La constitution générale des vins de Banyuls, qui aurait pu servir de base à leur définition, est intimement liée au régime fiscal auquel ces vins sont soumis (loi du 13 avril 1898, art. 22 et diverses circulaires interprétatives de l'Administration des Contributions indirectes). Or, ce régime, tel qu'il est établi par la Régie et non par la loi, est une erreur œnologique. Dans un sens ou dans un autre, ce régime a des chances d'être modifié un jour. Il aurait été imprévoyant de donner une définition qu'on fût obligé de changer à toute modification du régime fiscal.

Ce qu'on aurait pu introduire dans le décret, cependant, pour éviter le danger que j'ai signalé, c'est que le vin de Banyuls est un *vin de liqueur*, et qu'il est surtout constitué avec des moûts et des raisins de *Grenache*. On aurait dit par exemple :

« Le vin de Banyuls est un vin de liqueur qui résulte de la fermentation incomplète des raisins du Grenache noir et du Grenache gris et avec une faible proportion de Carignan. »

Mais voilà encore un écueil : la loi française n'a pas défini ce que c'est qu'un vin de liqueur! Cela viendra sans doute! Espérons-le pour les tribunaux qui doivent parfois rendre des jugements avec des textes bien difficiles à interpréter. Espérons-le aussi pour les producteurs de vins de liqueur naturels qui pourront, sans aucun doute, se défendre ensuite bien plus efficacement contre la concurrence déloyale des vins d'imitation et des vins de liqueur artificiels.

Le Service de la répression des fraudes en sera satisfait tout le premier, car sa tâche sera singulièrement facilitée. On doit reconnaître qu'avec le régime fiscal appliqué en France à ces produits, l'élaboration d'une définition légale des vins de liqueur, si simple qu'elle paraisse à ceux qui ne sont pas initiés, est des plus ardues, on pourrait presque dire qu'elle est impossible.

Souvent le Service de la répression des fraudes, surchargé de travail, est obligé pour donner satisfaction à des intérêts légitimes et pressants, de mettre un peu la charrue avant les bœufs et de faire des propositions de décrets comme celui-ci, qui aurait gagné à attendre la définition légale du vin de liqueur naturel. Ce qui paraît être un défaut d'ordonnancement est souvent un bien, en apportant plus hâtivement le document libérateur qui doit mettre un terme à des abus.

LUCIEN SEMICHON.
Directeur de la Station Œnologique de l'Aude.

PARIS. — IMPRIMERIE LEVÉ, RUE CASSETTE, 17.

REVUE DE VITICULTURE

PRINCIPAUX COLLABORATEURS :

La "REVUE DE VITICULTURE", qui groupe autour d'elle une Rédaction absolument unique dans la Presse viticole, comprend comme Collaborateurs, pour la plupart **exclusifs**, les Savants les plus éminents, les Spécialistes les plus autorisés et les Viticulteurs praticiens les plus réputés des diverses régions viticoles de la France et de l'Etranger :

MM.

G. Adam.
Mis d'Alauzier.
Bon d'Alexandry.
Mis d'Andigné.
E. André.
Appelbaum.
d'Arblay Burney.
Archambeaud.
P. Arnaud.
Arnould.
Astier.
Astruc.
Audebert.
Augé, ancien député.
Ch. Bacon.
Baillergeau.
A. Barbier.
P. Baron.
Barsacq.
Bérard.
A. Berget.
Berne.
Berthault.
A. Bertrand.
Daniel Bethmont.
Beuret.
Bezançon.
Dr Blarez.
Dr G. Bouchardat
Boucoiran.
Boué.
A. Bouffard.
Bouhey-Allex, député.
Bréhéret.
F. Brin.
Raymond Brunet.
Bruneton.
Buchet-Desforges.
F. Bühl.
J.-M. Buisson.
J. Burnat.
Calvet, sénateur
J. Capus.
Cardonne.
G. Carle.
Castel.
Cte de Castillon.
Don Luiz de Castro.
P. Causse.
G. Cazeaux-Cazalet, ancien député.
J. Cazelles.
Dr Cazeneuve, sénateur.
M. Cercelet.
Chaigne, ancien député.
G. Chandon de Briailles.
J.-B. Chapelle.
A. Chataigner.
A. Chevalier.
Cincinnato da Costa.
Chabert.
A. Condeminal.
F. Convert
L. Coste

MM.

Couanon.
Coudon.
Coupan
G. Curtel
Daurel.
Decker-David
G. Deperrière.
Desmoulins.
F. Desnos.
De Dompierre d'Hornoy.
Donon.
A. Dorchain
L. Dormeau.
G. Doumergue, sénateur.
J. Drouhault.
J. Dubourdieu
Général Ducassé.
Duclert.
J. Ducos.
Gabriel Dufaure.
J. Dugast.
Duplessis.
E. Dupont.
E. Durand.
Duvergier de Hauranne.
Elie.
L. Faasse
B. Fallot.
Farcy.
E. Fenouil.
A. Feuillerat.
Dr Feytaud.
O. de Fillol
Fondard.
Fougerat.
Fouilhoux.
Fraimbault.
Armand Gautier, de l'Institut.
Jules Gautier.
U. Gayon.
Prosper Gervais.
Gèze.
P Gille.
C. Giraud.
H. Gloria.
E. Godot.
A. Gouin.
E. Goutay.
J. Grec.
L. Grellet
Guénier.
Guéraud de la Harpe.
Guignard, de l'Institut.
J.-M. Guillon.
A. Guy.
J. Hennessy, député.
A. Héron.
Hussenot.
Jouet.
Jouvet.
F Jullien.
Kayser
C Labergerie.

MM.

J. Laborde.
G. Lafforgue.
H. de Lapparent.
F. Larnaude.
de Laroque.
P. Larue.
Lascoux.
A. Laurent.
G. Lavergne.
H. Lecomte.
J. Leenhardt-Pomier.
Olivier Lecq.
Mis de Legarda.
Lemarié.
Lespinasse.
Lindet.
Félix Liouville.
G. Loche.
Dr R. Lorreyte
Mahoux.
Dr Maisonneuve.
Maldant.
V. Malègue.
M. de Malglaive.
Manceau.
L. Mangin.
Roger Marès.
J. Marquès de Carvalho.
Marre.
P. Marsais.
Dr Martin.
V. Martinand.
Marty.
L. Mathieu.
Mazade.
Mazé.
Mestre.
E. Min, sénateur.
Moreau.
A. Müntz, de l'Institut.
N. Naugé.
J. de Neuville.
Nicolle.
Oberlin.
Comte d'Oncieu de la Bathie.
Ch. Ordonneau.
Ostermeyer.
P. Pacottet.
Parisot.
Pasquet.
J. Pastre.
Paulsen.
J. Perraud.
L. Perrier de la Bathie.
Perruchot.
E. Petit.
Dr Peton.
Peytel.
Ponsart.
E. Prillieux, de l'Institut.
G. Provost-Dumarchais.
Prunet.
G. Rabault.

MM

Raynaud.
Rigal
Rigaud.
Ringelmann
Rivière.
Rolland.
M. de la Roche-Mage.
Xavier Rocques.
Rougeoreille-Aubin.
L. Roos.
Rosenstiehl.
Rougier.
Rousseaux.
Dr Roux.
Gustave Roy.
J. Roy-Chevrier.
Colonel Sabouraud
P. Sagourin.
de Saint-Arroman.
F. de St-Charles.
Saint-Prix.
H. Saint-René-Taillandier
de Saint-Roman.
L. Salas y Amat.
E. Salomon.
R. Salomon.
O. Sarcos.
C. Sauvageau.
Savot.
Schribaux.
A. Seignouret
Sémichon.
Sevegrand.
R. Sévérin.
C. Silvestre.
Simpée.
Ch. Skawinski.
Tacussel.
Teleki.
P. Thibaud.
Dr Trabut.
Trouard-Riolle.
Trouchaud-Verdier.
Torrel.
Tuzet.
J. Perestrello de Vasconcellos.
Vassillière.
Vavasseur.
H. Verdié.
Vermeil.
V. Vermorel, sénateur.
A. Verneuil.
P. Viala.
P. Villa.
Dr E. Vidal.
Vidal.
Dr P. Vigné d'Octon.
Comte de Villeneuve.
Philippe de Vilmorin
Vincens.
E. Vinét.
Zacharewicz.
L. Zirilli.
Zolla.

REVUE
DE
VITICULTURE

ORGANE DE L'AGRICULTURE DES RÉGIONS VITICOLES

PUBLIÉE SOUS LA DIRECTION DE

P. VIALA

Inspecteur Général de la Viticulture,
Professeur de Viticulture à l'Institut National Agronomique,
Membre de la Société Nationale d'Agriculture, Docteur ès sciences

Paris. — Imprimerie Levé, rue Cassette, 17.

www.ingramcontent.com/pod-product-compliance
Ingram Content Group UK Ltd.
Pitfield, Milton Keynes, MK11 3LW, UK
UKHW012128240726
13965UKWH00005B/2036

9 782012 942875